"독도는 대한민국 땅이다."
"독도는 대한민국 땅이 아니다."

둘 중에 하나는 틀렸다.

삼형제굴 바위에서 본 탕건봉과 김바위

아! 독도 아리랑

Photography and Text by Ji-Hyun Kim, Ph.D

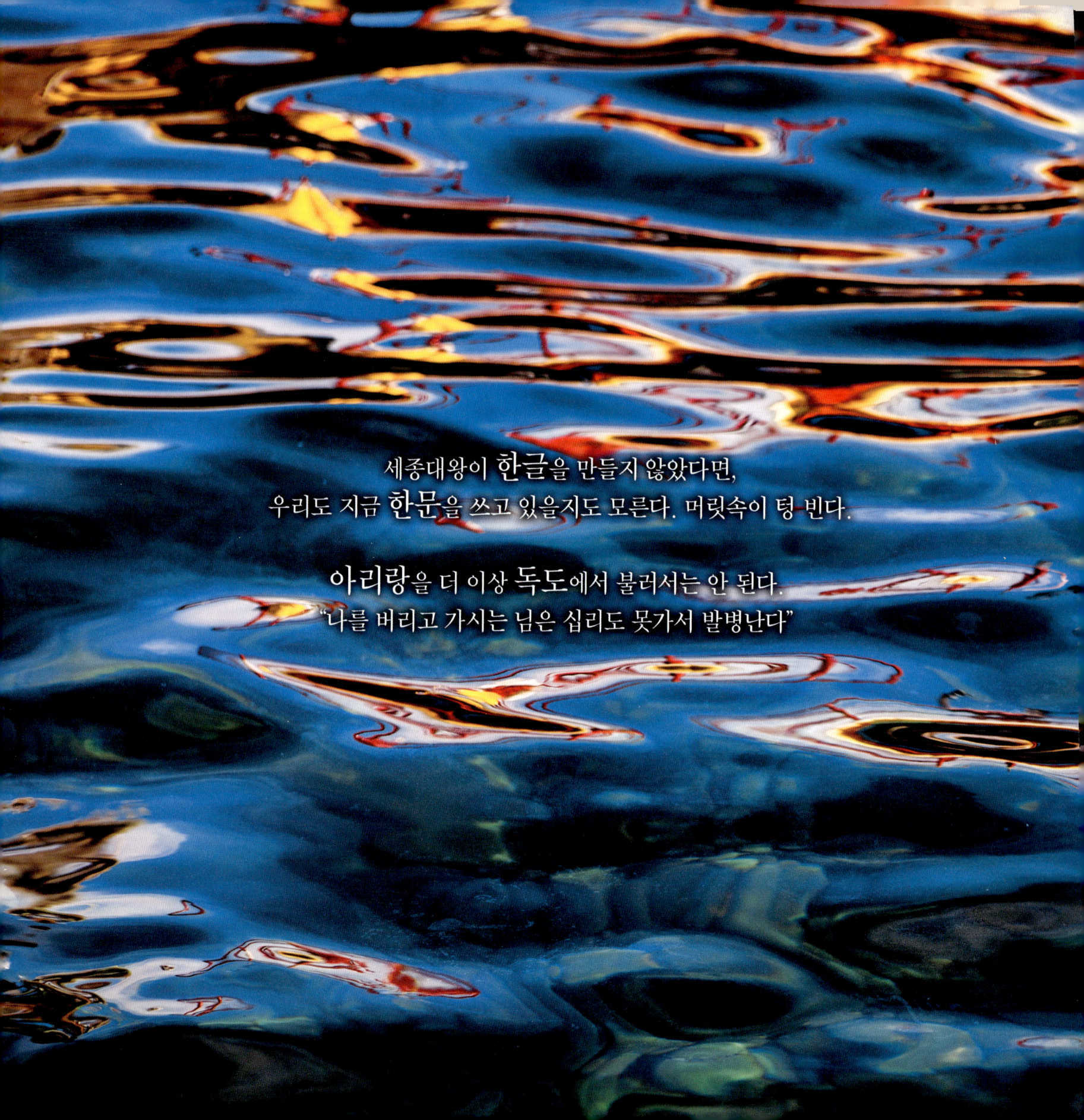

세종대왕이 **한글**을 만들지 않았다면,
우리도 지금 **한문**을 쓰고 있을지도 모른다. 머릿속이 텅 빈다.

아리랑을 더 이상 **독도**에서 불러서는 안 된다.
"나를 버리고 가시는 님은 십리도 못가서 발병난다"

실효적 지배자에게 권리가 저절로 오는가?
"아니다" 라고 역사는 말한다.

수많은 전쟁은 결국,
실효적 지배자와 그것을 빼앗고자 하는 자의 싸움이다.

빛이 수면 위에 흔들릴 때 본래의 색이 드러난다.(동도 몽돌해안)

어떤 이들은 독도를 **땅**으로 이해하고 있다.
그러나 독도는 **바다** 없이 이해 될 수 없다.

독도 바다 속에 들어가 본
사람은 아름답다고 말하지 않는다.
그 이상이다. **환상**이다.

서도 수심20m 수중동굴 천장 공기주머니(Air pocket)표면에
비친 거울현상: **원통뿔산호** / *Melithaea flabellifera cylindrata* 가 거꾸로 자라서 물속 수면 거울에 반사된 모습.

(mar.scientist : Lee,S.K)

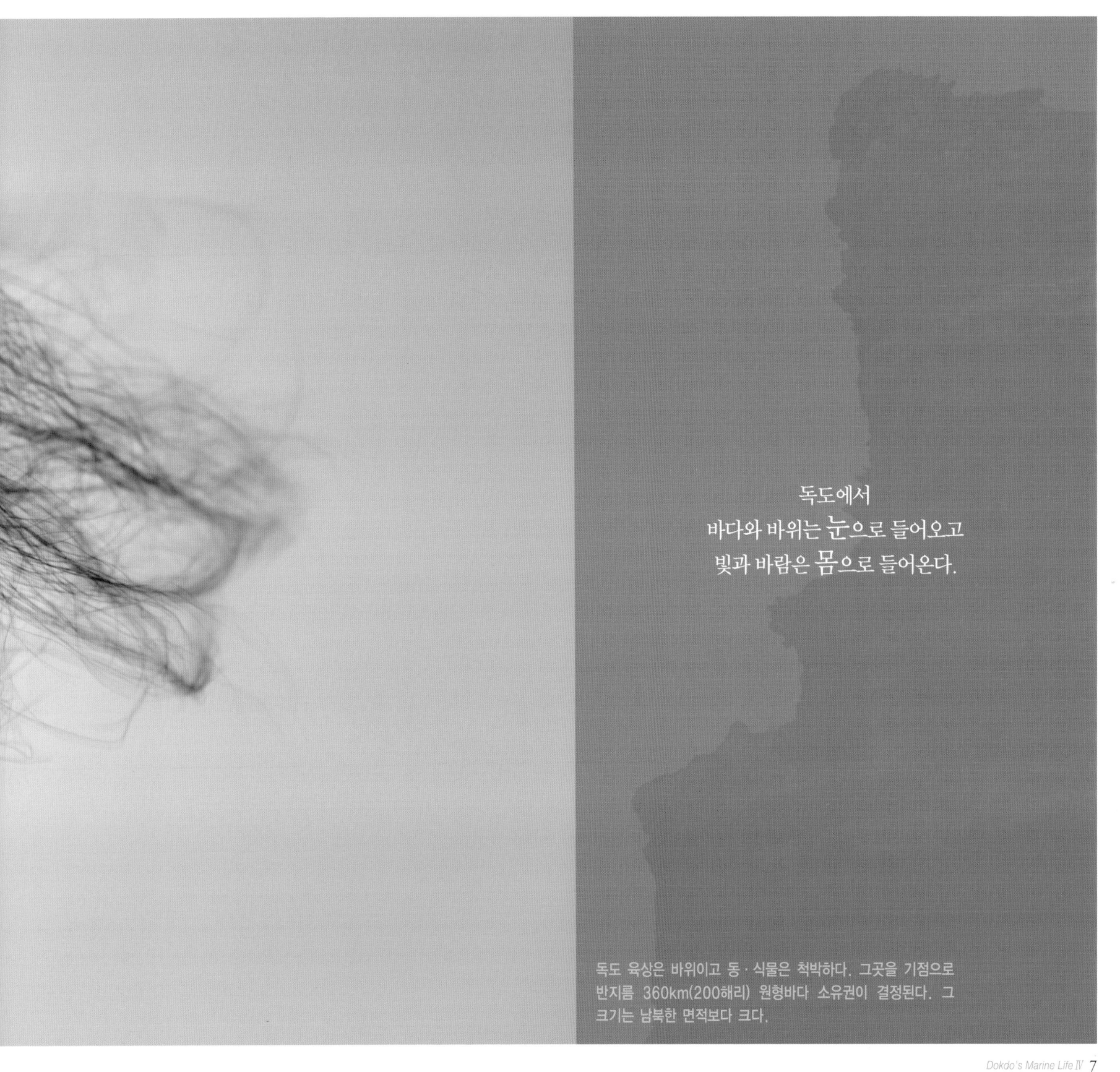

독도에서
바다와 바위는 눈으로 들어오고
빛과 바람은 몸으로 들어온다.

독도 육상은 바위이고 동·식물은 척박하다. 그곳을 기점으로 반지름 360km(200해리) 원형바다 소유권이 결정된다. 그 크기는 남북한 면적보다 크다.

셰익스피어가 〈햄릿〉을 쓰지 않았다면,
아무도 〈햄릿〉을 쓰지 않았을 것이다.

독도 바다 속 헤매고 다닐 때
손에는 카메라, 발에는 오리발이다.
오리발은 **추진력**을, 카메라는 **사진**을 준다.

그 사진이 이 책이다.

이 책은 독도에 대한 나의 기도이다.
조용히 무릎 꿇고 하는 것만이 기도는 아니다.

독도바다 속 수심 20m에 있는 수중동굴은 깊고 어둡다. 그 어둠 속에 거꾸로 매달려 있는 산호는 빛을 받을 때 색깔이 나온다. (수중동굴 공기 주머니 표면 거울현상)

원통뿔산호 / *Melithaea flabellifera cylindrata* 와 **보통가시해면** / *Acanthella vulgata* (빛이 없는 수심 깊은 곳 암반지역에서 살아간다. 해면질이 연하고 흰색이다. 밖으로 돌출된 골편이 털모양을 이룬다).

독도는 광복절에 헬리콥터를 타고
요란하게 가는 곳이 아니다.

헬리콥터로 30분 만에 독도 땅 밟은 사람과
3시간 배멀미에 독도 땅 밟은 사람 느낌은 다르다.

전자는 흘러가는 애국심이고,
후자는 흘러 들어오는 애국심이다.
하나는 총을 설계하는 사람이고
하나는 총 들고 나가 싸우는 사람이다.

울릉도와 독도를 왕복하는 여객선 돌핀호

애국심은 원초적 감정이다.
독도가 개인들 애국심만으로 지켜질 수는 없다.
애국심에 호소하는 데는 한계가 있다.
애국심은 구체화되어 눈으로 보여야 한다.

태극기와 관광객

독도 땅을 밟는 것은 많은 시간, 열정, 비용이 들기 때문에 독도에 못 가본 것은 용서 받을 수 있다. 그러나, 독도 바다 속 해양생물을 모르는 것은 용서 받을 수 없다. 자기 것에 관심이 없다는 것이다.

"이 작고 메마르고 바위로 된 섬에서
볼 수 있는 어마어마한 창조력에 놀라게 된다."
다윈이 갈라파고스 제도를 조사하고 쓴 글이다.
이 글이 꼭 독도 바다 속을 두고 한 말 같다.

해양생물이 저마다 색깔과 구조와 특징을 가진 것은 스스로 생존 목적을 위한 것이지 사람에게 흥미를 끌기 위함은 아니다. (어민 숙소에서 혹돔굴로 가는 협곡 중간지점 수심 10m)

뱀거미불가사리 / *Ophiarachnella gorgonia* 보라성게 / *Anthocidaris crassispina* 개해삼 / *Holothuria manacaria* 왜곱슬거미불가사리 / *Ophioplocus japonicus* (왼쪽부터)

그들이 독도 해양생물 사진을 찍는 일은 현실적으로 불가능하다. 전 세계 어느 다이버, 어떤 해양생물학자도 독도해양생물의 다양성에 대하여 책으로 엮는 것이 현재 불가능하다.

해양생물은 우리를 알 필요가 없지만,
우리는 해양생물을 알아야 한다.
독도 바다 속에 무엇이 있는지...

용치 놀래기(♂) / *Halichoeres poecilepterus*
소라 / *Turbo cornutus* (독립문 바위)

이 책은 독도에 대한 네 번째 노래다.

바다속 물과의 대면은 늘 초면(初面)이다.
다이빙하는 지점은
어제나 오늘이나 동일하지만,
오늘 물은 어제 물이 아니다.

물의 화학성분과 물리적 성질은 같을지라도,
어제 물은 과거 물이 되어 먼 바다로 나아갔다.
다이빙할 때마다 늘 새 물이다.

수중조사중인 해양생물학자들

이 책을 보고 보는 이 마음속에 아무 소리도
들리지 않는다면 나는 **헛일**을 했다.

"땅에서 바다로 눈을 돌려본다면, 땅에 서식하는 생물이 적은 것과는 반대로 바다에는 생물이 많다는 것을 알게 된다. 세계 어디든 바위가 많아서 일부가 보호받고 있는 해양에서는 다른 곳보다 더 많은 바다생물이 살고 있다." 다윈, 「비글호 항해기」

서로 종이 다른 네 마리 불가사리가 큰 암반 아래쪽에 일렬로 부착해 있는 것은 드문 일이다. (해녀바위 안쪽 수심13m) **아무르불가사리** / *Asterias amurensis* **별불가사리** / *Asterina pectinifera* **아팰불가사리** /*Aphelasterias japonica* **일본불가사리** / *Distolasterias nipon* (왼쪽부터)

유착진총산호 / *Euplexaura anastomosans* (큰 가제바위 수심25m)

물은 생물을 번성하게 하라. : Let the water teem with living creatures.
(Gen.1:20)

원양커튼해파리 / *Dactylometra quinquecirrha* (서도 어민숙소 앞 수면)

바다 속에 길은 없다. 다만 물길이 있을 뿐이다.
인공적인 길은 없어도 자연의 순리에 따르는 물길이 있다.
이 물길을 따라서 해양생물은 각자 삶의 터전을 잡는다.

수심에 따른 압력차이로 다이버가 내뿜는 날숨은 점점 커지면서 수면으로 올라간다.

물속이라는 공간은 육상동물에게는 죽음을 뜻한다. 뭍에서 코로 허파에 공기를 마음껏 들이키다가, 물속에서 호흡기 입에 물고 압축 공기로 호흡할 때 인간이 참 별개 아니구나 하고, 생명의 하찮음에 놀란다.

장비 챙겨서 독도 가면 수중사진 찍는 줄 안다. 큰 착각이다. 독도 바다는 일 년에 60일 정도만 잔잔하다. 잠수 할 수 있는 시간이 극히 제한적이다. 더군다나 야간다이빙은 더욱 제한적이다.

강이나 저수지, 논밭에 사는 겨울철새인
청둥오리 한 쌍이 어떻게 수백리 바다를 건너서
독도까지 왔는지 알 수가 없다.
늦가을 한밤중 동도 숫돌바위에서 만난
청둥오리는 낯설고 신기했다.

숫돌바위 앞: 뭍으로 헤엄쳐가는 청둥오리 한 쌍(야간 촬영)

동도 몽돌해안가

한밤중 청둥오리 한 쌍을 본지 두달 후,
한겨울 동도 몽돌해안가 기슭에서 청둥오리 사체를 보았다.

청둥오리 수컷

"나는 살려고 하는 생물들에 둘러싸인 살려고 하는 생명이다."
- 알버트 슈바이처

들어가는 사진과 글

독도에 대하여 침묵 하는 것은 매국(賣國)이다.
20여 년 전부터 독도 해양생물 책을 만들고 싶었다.
그 일을 다른 사람이 한다는 것은, 불명예로 여겼다.

100년 전인 1917년 독도해양생물 자료가 있으면 좋겠다.
100년 후인 2117년에 의미 있는 자료를 제공 하는 것이
이 책의 또 다른 목표이다.

독도 바다 속 생물 다양성은 드러나야 한다.

이 책을 우산봉(雨傘峰)에 바친다.

독도 바다 속은 무섭다.

독도 소리 칠음계, 七音階
독도 아리랑

독도에는 바다와 바람과 바위가 한 공간에 있다.
바다와 바위의 만남은 부서짐이고,
바위와 바람의 만남은 흩어짐이다.
부서지고 흩어질 때 소리가 난다.

그 소리의 높고 낮음,
길고 짧음이 화음이 되고 음율이 된다.
'독도 아리랑' 이다.

하나, **우산봉 천장굴**
위쪽으로 70m 수직절벽타고 해수면에서 위로 올라오는 바람은 동도 전체를 울림통으로 만든다. 굴 소리다.

둘, **독립문바위**
수평으로 통과하는 바람은 거칠 것 없는 망망대해를 건너가는 다급한 소리다.

셋, **삼형제굴**
안쪽 천정에서 세 갈래 바람이 만나는 공명은 휘모리장단이다.

넷, **촛대바위**
동쪽에서 서쪽으로 밀려오는 수평파도 소리.

다섯, **전차바위**
절벽아래 요동쳐 휘몰아치는 흰 물거품 소리.

여섯, **가제바위**
타고 넘는 물보라 소리.

일곱, **갈매기**
바람소리 세 개와 파도소리 세 가지, 여기에 괭이갈매기 울음소리.

일곱소리, 칠음계는 '독도 아리랑' 이다.

첫째 음계 '천장굴' 굴소리

동도 천장굴 위쪽 우산봉 크고 둥근 구덩이 위를 수평으로 지나가는 바람은 아래쪽 뚫린 구멍에서 공기를 끌어 올린다. 그 굴 소리는 울림이 크고 깊다. 해수면에 있는 천장굴 바닥 공기를 수직으로 빨아올리는 그 소리는 우산봉 위를 지나는 수평바람 세기에 비례한다. 이 때 동도 전체가 하나의 울림통이 된다. 한밤중에 듣는 그 소리는 지구가 자전하는 소리를 듣는 듯하다.

둘째 음계 '독립문바위'

수면을 수평으로 내지르던 바람이 독립문바위 구멍을 통과하는 다급한 소리

셋째 음계 '삼형제굴'

천장 안쪽에서 세 갈래 바람이 만나는 휘모리장단 소리

넷째 음계 '촛대바위'

동쪽에서 서쪽으로 밀려오는 수평파도 소리

다섯째 음계 '전차바위'

절벽 아래 휘몰아치는 흰 물거품 소리

여섯째 음계 '가제바위'

타고 넘는 물보라 소리

일곱째 음계 '괭이갈매기' 울음소리

일곱 개 소리가 '화음'이 되어 독도 아리랑이 된다.

독도 소리 일곱 개를 음 높이에 따라 음계를 정하는 것은 의미가 없다. 그 소리는 세가지 바람과 파도, 물거품, 물보라 그리고 갈매기가 만든다. 칠음계가 모두 울릴 때 독도는 미친 듯 울부짖는다. 하늘과 바다가 서로 부르고, 바위와 갈매기가 서로 부른다. 추측컨대 20~30년에 한 번 있을 것이다.

독도 아기 괭이갈매기 바람 맞으며 큰다.
다 큰 갈매기 맞바람 받으며 수면 위를 난다.

獨·生·貴-1
독생귀 : 독도에 있는 모든 생물이 귀하다.

독도 바다 속 생물은 어제 오늘 그 곳에 있는 것이 아니다.
원시 조상이 아프리카 초원을 헤매기 전부터 그곳에 있었다.

바다딸기류 / *Eleutherobia* sp. 뿔산호류 / *Melithaea* sp. 부착해면류 / *Callyspongia* sp. 가 벽면에서 살아간다. (가제바위 수중동굴)

獨·生·貴-2

독생귀 : 독도에 있는 모든 생물이 귀하다.

독도 바다 속은 적자생존과 종족번식이라는
생물학적 요구에 충실한 종·種들만이 현재 살아남았다.

독립문바위 해중림 속 **불볼락** / *Sebastes thompsoni*

동도 선착장 수심 5m **두줄베도라치** / *Petroscirtes breviceps*

獨·生·貴-3
독생귀 : 독도에 있는 모든 생물이 귀하다.

떠내려온 쓰레기가 집이 된다.(PVC파이프 조각)

선착장 해식굴 주변 **감태** / *Ecklonia cava*

獨·生·貴-4

독생귀 : 독도에 있는 모든 생물이 귀하다.

조간대에서 살아가는 해조류의 부착력이 경이롭다.

獨·生·貴—5
독생귀 : 독도에 있는 모든 생물이 귀하다.
물속 개별적 삶은 모두 완벽하다.

삼형제굴 물속 수심15m **인상어** / *Neoditrema ransonnetii* 떼와 **별불가사리** / *Asterina pectinifera* 위에 **가막베도라치** / *Enneapterygius etheostomus* 가 있다.

점쏠배감펭 / *Pterois volitans*

獨·生·貴-6

독생귀 : 독도에 있는 모든 생물이 귀하다.

수중 공간에 떠 있는 한 마리 물고기는
스스로가 존재의 완성이다.

獨·生·貴-7
독생귀 : 독도에 있는 모든 생물이 귀하다
흩어지면 죽는다. 뭉쳐야 산다.

폐타이어에 터를 잡았다. **쏠종개** / *Plotosus lineatus*

별불가사리 / *Asterina pectinifera* 매끈이고둥 / *Kelletia lischkei*
마엿치 / *Hypodytes rubripinnis* 가 먹이 경쟁을 하고 있다.

獨·生·貴-8

독생귀 : 독도에 있는 모든 생물이 귀하다.

모든 생명은 먹어야 산다. 살아 있음은 '먹음'을 뜻한다.
살기 위해 먹고 먹기 위해 산다. 생명은 생명에게 공양(供養)이다.

獨·生·貴 —9

독생귀 : 독도에 있는 모든 생물이 귀하다.

죽은 조개껍질도 훌륭한 집이다.

청줄베도라치 / *Plagiotremus rhinorhynchos*

가제바위 수중 동굴 입구 군락을 이룬 **바늘산호류** / *Acabaria* sp.

獨·生·貴-10

독생귀 : 독도에 있는 모든 생물이 귀하다.

어두컴컴한 굴 입구에 거꾸로 자란 모습이 신통하다.

獨·生·貴 — 11

독생귀 : 독도에 있는 모든 생물이 귀하다.

해조류가 없다면 독도바다는 사막이다.

삼형제굴바위 북서쪽 수심 15m **넓은뼈대그물말** / *Dictyopteris latiuscula*(짙은 갈색 엽상체) **주름뼈대그물말** / *Dictyopteris undulata*(청록색 광택 엽상체)

獨·生·貴 — 12 독생귀 : 독도에 있는 모든 생물이 귀하다.

해조류가 없다면 독도바다는 사막이다.

독도 물속은 해조류 세상이다. 해조류 종 수가 물고기 종 수의 두 배 이상이다.
해조류는 해양생물에게 먹이와 은신처, 산란장을 제공한다. **청각** / *Codium fragile*

동도선착장과 서도 어민 숙소 사이 수심8m
청각 / *Codium fragile* 과 갈조류

獨·生·貴-13
독생귀 : 독도에 있는 모든 생물이 귀하다.

해조류가 없다면 독도바다는 사막이다.

선착장 해식굴과 해녀바위 사이 수심 10m **쩍류** / *Lithothannion* sp. 가 암반표면을 덮고있다. 백화현상을 일으키는 주 생물이다.

獨·生·貴-14

독생귀 : 독도에 있는 모든 생물이 귀하다.

해조류가 없다면 독도바다는 사막이다.

獨・生・貴 — 15

독생귀 : 독도에 있는 모든 생물이 귀하다.

해조류가 없다면 독도바다는 사막이다.

동도와 서도 사이 수심 8m 죽은 해조류 가지 위에 터를 잡은 해조류. **큰불레기말** / *Colpomenia claytoniae*

아! 독도 아리랑

독도의 생태자연을 기록하며 4

독도 아침은 언제나 동쪽 먼 바다로부터 왔다. 막 떠오르는 아침 해는 오래된 희망으로 바다 전체를 검붉게 물들인다. 대한봉에서 바라보는 일출은 빛이 아니라, 희망이다.

독도 물속엔 언어와 종교가 소용없고 정치도 남의 일이다. 태어남과 소멸 사랑과 증오, 긍정과 부정, 너와 나의 인간사가 공염불이 되는 현장이다.

조국은 국가가 지키지 못한다. 국민이 지킨다. 그곳 바위와 바다는 영토가 아니라 조국이다.

2017년 10월 **김 지 현**

일·러·두·기

1. 이 책은 오직 독도 해양생물생태 사진집으로 평가되기 바란다.

2. 이 책은 '아!독도119', '아!독도112', '독도의 눈물'의 후속편이다.

3. 사진 상으로 종 수준까지 동정이 가능한 종만을 수록하였고, 종 동정이 불가능한 종에 대해서는 속명과 함께 sp.로 기록하였다.

4. 다이빙 지역은 동도에서 3개(선착장, 해녀바위, 독립문바위), 서도에서 3개(혹돔굴, 가제바위, 삼형제굴바위)지점을 정하여 작업하였다.

5. 슬라이드 필름과 디지털 이미지는 30:70이다. 필름은 Velvia 50을 사용했다.

6. 이전에 나온 책들보다 더 좋은 사진을 찍은 몇몇 종에 대해서는 이 책에 중복하여 소개했다.

7. 육상 야간 촬영 시 사용한 조명은 POLARION의 Abyss Dual D와 S모델을 사용하였다.

8. 미동정분류군(unindenfied speces) 4종에 대해서는 연구가 필요하다.

9. 14p의 관광객 사진은 단체를 확인 할 수 없었다. 얼굴이 나온 분들은 연락주시면 책을 보내드리겠습니다.

Contents

아! 독도 아리랑

프롤로그
청동오리	28
들어가는 사진과 글	32
독도 소리 칠음계	34
독생귀 1 ~ 15	44

본문
독도의 생태자연을 기록하며 4	67
일러두기	68

동도
■ 선착장	70
■ 해녀바위	86
■ 독립문바위	102

서도
■ 흑돔굴	116
■ 삼형제굴	134
■ 가제바위	160

에필로그
나가는 글	200

동도와 선착장

주요 다이빙 지역
선착장, 해녀바위, 독립문바위

동도
Dong-do

선착장 Pier

야간 다이빙하는 선착장 부근에 부딪히는 파도

선착상 주변 얕은물 지역(왼쪽 위에 갈조류가 보인다.)

선착장 해식굴(Ph.D.K, D-S)

수심10m 선착장 해식굴 잠수에도 수심 30m가 넘는 가제바위 잠수같은 긴장감이 요구되는 곳이 독도바다 속이다. 독도 잠수는 위험하다.

Sepioteuthis
Lessoniana

흰오징어 / *Sepioteuthis lessoniana*
대부분의 오징어와 마찬가지로 몸색깔 변화가 다양하다. 수면가까이에서부터 수심 100m까지 살고 있다. 흔히 암초 가장자리와 닻으로 정박한 배 바로 밑에서도 볼 수 있다. 이 종은 외투막이 전체몸통길이의 90~100%까지 늘어져 있는 지느러미 때문에 구별할 수 있다.

쥐치 / *Stephanolepis cirrhifer* (juv.)

독도 수심 100m 미만 바위 지역에 무리를 지어 살아간다. 몸은 체고가 높은 난원형이다. 주둥이는 뾰족하고, 입은 그 끝에 작게 열린다. 등지느러미는 극조부와 연조부로 구분되며, 제1극조는 크고 강하다. 몸색깔은 변이가 심하여 다갈색, 황갈색, 회갈색의 바탕색을 띠고, 불규칙한 흑갈색 세로 줄무늬들이 있다.

미역 / *Undaria pinnatifida*
독도 연안 조하대에서 살아간다. 일년생 갈조류이며 1~2m 까지 자란다. 사진은 가을, 겨울 동안 생장한 엽상체가 여름이 되어 녹아 유실되고, 줄기의 아랫부분에 남은 포자엽(미역귀)이다. 이 포자엽에서 유주자가 방출되어 번식한다.

선착장 해식굴과 해녀바위 사이 수심7m. 해조류가 사라진 암반에 **쩍류** / *Lithothamnion* sp. 가 무성하고 **보라성게** / *Anthocidaris crassispina* 가 무리지어 있다.

맵사리 / *Ceratostoma rorifluum*

독도 조간대 하부에서부터 조하대 얕은 수심 암반에서 살아간다. 패각이 두껍고 단단하며, 껍데기 꼭지부가 높게 솟아있다. 나탑은 칠층이며 각 나층은 약하게 부풀어있고, 나층간 경계면은 명확하지 않다. 야행성이다. 식용종이며, 맵사리는 매운맛이 나기 때문에 붙여진 이름이다.

여왕갯민숭달팽이 / *Dendrodoris denisoni*
독도 연안 수심 5~10m 암반 조하대에서 살아간다.
이 종은 해면동물을 먹기 위해 특정 소화효소를 분비하여 해면을 녹인 다음
특화된 치설을 이용하여 즙 상태의 해면을 빨아 먹는다. 몸통의 전체적인 색깔에는 많은 변이가 있으나
푸른색 반점은 어떠한 개체에서나 명확하게 나타난다.

비단풀류 / *Ceramium* sp.
독도 연안 조간대 암반, 조수웅덩이나 다른 해조류에 부착하여 살아간다.
엽체는 직립하며, 담홍색을 띠고 표본대지에 잘 붙는다.
엽체는 연약하고 섬세하며, 하부는 차상으로 분기하나 상부로 갈수록 접근해서 분기한다.

굵은줄격판담치 / *Septifer virgatus*
독도 전 해안에서 발견되며, 파도 영향이 많은 곳에 크게 군락을 형성하기도 한다. 패각은 단단하며, 길쭉한 계란 모양이다. 각정은 왼쪽 끝에 위치하며 뾰족하다. 거북손, 검은따개비 등과 함께 조간대에 서식하는 무척추동물의 서식처 역할을 한다.

큰잎모자반 / *Sargassum coreanum*

독도 연안 수심 10m내외 조간대 하부 및 조하대에서 살아간다. 식물체는 흑갈색이며 원추상 부착기에서 0.5~1.5m까지 자란다. 줄기는 원주상이고 여러 갈래로 갈라지며 윗부분에서 가지를 낸다. 중심가지는 두껍고 납작한 막대모양이며 마디마다 구불구불하다. 가장자리는 전연이고, 측지가 다수 발달한다. 잎은 선형, 장피침형이고 전연이다. 기낭은 장타원형 방추형이고, 선형의 관엽이 잎자루까지 연결되어 날개를 이루기도 한다.

수심 8m 선착장 구조물 표면에 붙은 큰뱀고둥

큰뱀고둥 / *Thylacodes adamsii*

독도 조간대에서부터 조하대 수심 30m까지 암반에 단단히 부착하여 살아간다. 패각은 둥근 관 형태로 또아리를 튼 모양이며, 회갈색 또는 회백색 등 다양한 색을 띤다. 성체는 입구 부위가 바닥에서 떨어져 솟아 있는 경우가 흔하다. 패각의 꼬임은 부착기질의 구조에 따라 불규칙하다. 입구에 뚜껑은 없다. 점액질을 분비하여 걸려든 유기물을 걸러 먹는다.

수심 12m 암반 표면에 무리지어 있는 분지성게

분지성게 / *Temnopleurus toreumaticus*

독도 수심 5~25m사이 암반조하대나 수중암초 자갈진 흙 바닥에서 살아간다. 가시를 포함한 몸통은 전체적으로 밝은 황갈색을 띠며 가시 길이는 1.5m전후이고 가시에는 짙은 갈색의 반복적인 띠무늬가 있는 개체가 흔하지만 약간의 변이가 있어 무늬가 없는 개체도 있다.

해녀바위 Haenyeo-bawi

오른쪽 동도 선착장 남동쪽 120m지점에 해녀바위가 있다.

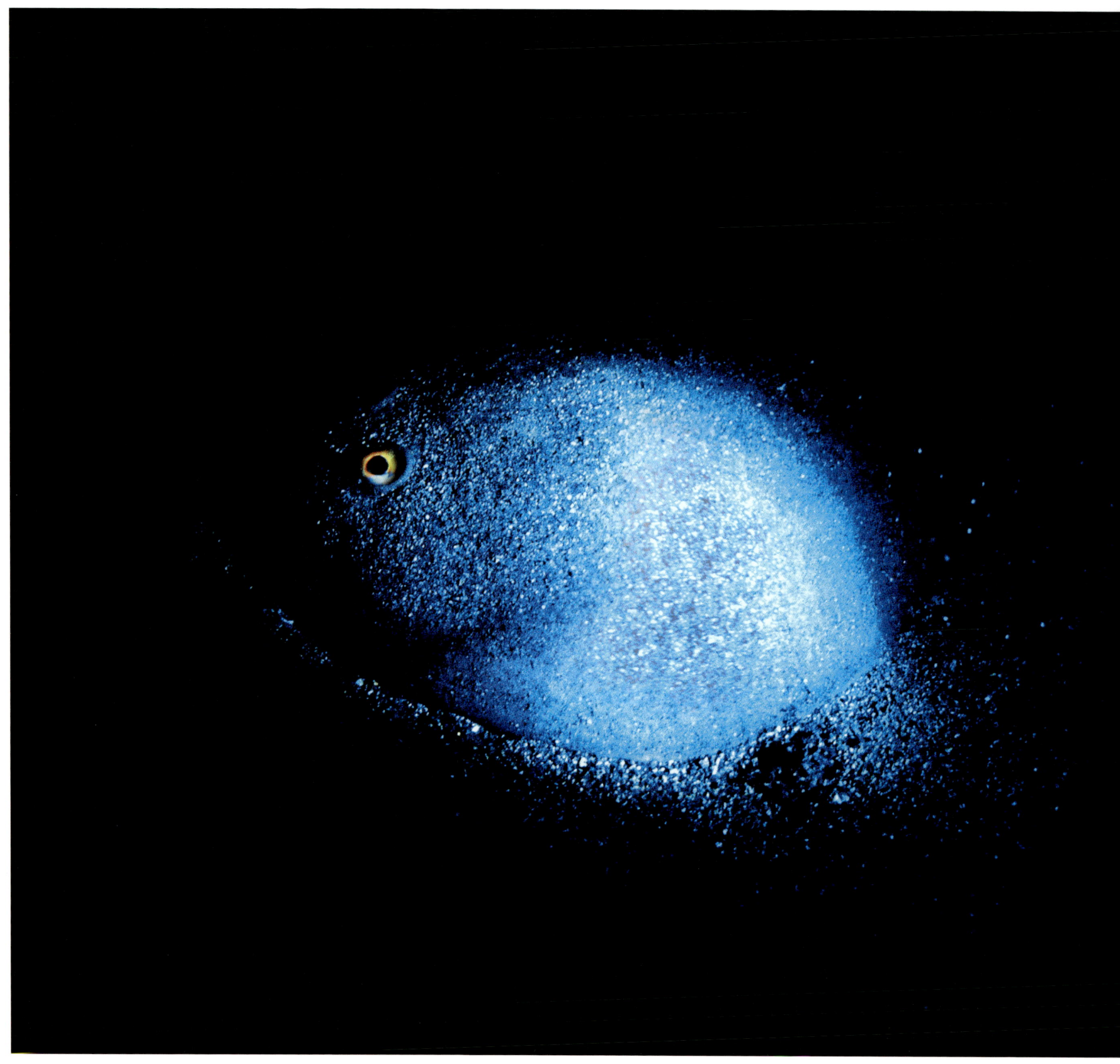

Narke Japonica

전기가오리 / *Narke japonica*
독도 연안 수심 50m 내외의 얕은 모래 지역에서 살아간다. 체형은 원반형에 가깝고, 눈은 돌출되어 있고, 바로 뒤쪽으로 분수공이 있는데 주변이 융기되어있다. 등 색깔은 변화가 심하고 보통 황갈색이다. 가슴지느러미의 발전기관으로부터 50~60V의 전기를 발생시킨다. (밤에 모래에 묻힌 모습; 눈과 눈 뒤에 있는 분수공이 보인다.)

흰깃희드라 / *Aglaophenia whiteleggei*
독도 연안 수심 2~10m 암반조하대 바위 표면에 부착하여 살아간다.
군체 높이 10cm까지 자라며 많은 깃가지를 형성한다.
하나의 군체가 단독으로 있는 경우는 드물고
보통 10여 개의 군체가 집단을 이루고 있다.

갯민달팽이 난괴(알집) / Nudibranch eggs
모양과 형태가 갯민달팽이류의 난괴가 분명하다. 갯민달팽이류는 기능상 암수 역할을 동시에 할 수 있는 자웅동체(Hermaphrodite)이다. 몸통의 우측 목 부위에 위치한 생식공이 암수 성기의 역할을 한다. 짝짓기 자세는 머리와 꼬리가 엇갈린 방향을 취한다. 알 낳는 현장을 직접 보지 않고 알집 모양과 형태만으로 종을 판단하기는 어렵다.

해녀바위 안쪽 수심 15m 모래지역. **별불가사리** / *Asterina pectinifera* 가 포식 활동 중이다.

금줄촉수 / *Parupeneus ciliatus*
몸은 길고 단면은 반원형으로 두텁다. 아래턱에 수염이 한 쌍 있다. 몸 색깔 변화가 심하고, 등에 녹갈색 바탕에 눈앞에서 등지느러미 연조부까지 두 개의 연한 황백색 세로줄무늬가 있다. 꼬리자루의 흑갈색 점무늬는 크고 측선 아래 부분까지 이어진다. 위에 있는 큰 물고기는 **놀래기** / *Halichoeres tenuispinis* 암컷이다. 아래 작은 물고기가 금줄촉수이다. 금줄촉수는 큰 놀래기 밑에 따라다니면서 안전을 보호받고 먹이도 얻어먹는다.

세동가리돔 / *Chaetodon modestus*
독도 연안 수심 10m 내외의 바위지역에서 살아간다. 눈을 가로지르는 갈색 가로띠 1줄과 폭이 넓은 2줄의 갈색 가로띠가 있고, 등지느러미 연조부에 흑색 눈모양의 무늬가 있다. 체형은 체고와 몸길이가 거의 비슷한 마름모꼴이다.

문어 / *Octopus dofleini*

독도 연안 수심 10m 이하의 바위틈이나 바위 아래 구석진 곳에서 살아간다. 전체 몸길이 2m까지 성장하는 대형 문어류이다. 사진은 작은 새끼문어다. 10여년 전에는 계절과 관계없이 흔한 종이었으나 근래에는 개체 수가 격감하고 있다.

미동정분류군 / unindenfied speces
독도 연안 수심 10m 부근 암반에서 살아간다. 군체 크기는 3cm 정도이며, 작은 연갈색 염주알 같은 것들이 돋아있다. 우렁쉥이류로 추정된다. 채집하여 연구해야 할 종이다.

미동정분류군 / unindenfied speces

독도 연안 수심 5~10m에서 살아간다. 암반표면에 얇게 부착해 있다. 일정한 형태는 없지만, 중심부에서 사방으로 나무뿌리모양으로 방사상으로 뻗어나간다. 기질에 부착 정도는 약하지만 각질화 되어 있어서 쉽게 떨어지지 않는다. 유백색을 띠고 있으며 군집을 이루고 있기도 한다.

구멍뚫기조개류 / *Barnea* sp. (미기록종)
독도 연안 수심 5~10m에서 살아간다. 이 종은 암반에 직경 2.5cm크기의 구멍을 뚫고 그 속에서 성장한다. 구멍크기는 더 이상 크지 않고 몸체가 드러나지 않는다. 생태적으로 알려진 것이 없다.

명주실타래갯지렁이 / *Cirriformia tentaculata*
독도 연안 조간대 하부에서부터 수심 10m정도까지 모래진흙 바닥에서 살아간다. 짧고 굵게 말린 아가미와 가늘고 긴 먹이포식용 촉수를 동시에 바다 표면으로 내밀고 있으며, 촉수를 움직이다가 유기쇄설물이나 소형 무척추동물 등이 감지되면 말아서 입으로 가져가 먹는다. 오염지표 종이다.

해녀바위 옆 모래밭 암반 수심 13m. 죽은 해조 줄기에 붙은 **모자반류** / *Sargassum* sp.

독립문바위
Dongnimmun-bawi

독립문바위의 구조적 안정성은 완벽하다.
제주바람 울고 갔다는 독도바람 견디기에 충분하다.
지반의 단단함은 수 킬로미터 암반덩어리이고,
높이와 두께의 비율로 알맞고 뚫린 구멍의 크기도 적당하다.
그 밑에서 다이빙할 때 안정감을 느낀다.

대황 / *Eisenia bicyclis*
울릉도 독도에서만 숲을 이루는 대황은 맑은 수심에서 살아가는 대형 갈조류이다. 해중림을 이루는 대황과 감태는 모양이 비슷하다. 가장 큰 특징은 엽상부와 연결되는 줄기의 형태이다. 대황은 V지형으로 갈라지고 감태는 일자형 줄기부에서 엽체가 발달한다.

대황 / *Eisenia bicyclis*

감태 / *Ecklonia cava*(juv.)

감태 / *Eckonia cava* (부착기)
독도 연안 조하대 수심 5~10m에서 많이 살아간다. 다년생 갈조류로서 최대 길이 6m까지 성장한다. 사진의 부착기는 육상식물 뿌리와 같은 형태로 되어 있으며, 부착기 위쪽 줄기는 원주상으로 엽상부와 연결되어 최대길이 1m 이상 자라기도 한다.

점점갯민숭달팽이 / *Chromodoris aureopurea*
노출된 암벽과 암초 표면에서 살아간다. 이 종은 유백색 몸통에 많은 노란 점무늬들을 가지고 있다. 자주색으로 된 가장자리 점무늬 테가 있으며, 아가미 다발과 촉각도 자주색을 띤다. 엷은 흰색 반점이 있다.

각시수염고둥 / *Monoplex parthenopeus*

독도 조간대 수심 10~60m정도의 암반지역에서 살아간다. 패각은 다소 뚱뚱해 보이고, 껍질에 긴 털이 나있는 독특한 형태를 가지며, 털 밑에는 두터운 적갈색의 얇은 껍질이 덮여있다. 뚜껑은 각질로 타원형이다. 입구에는 검은색 띠무늬가 내순과 외순에 나타나는데, 외순의 것은 간격이 넓고 두 개 정도의 흰색돌기가 돋아있다.

서실류 / *Laurenica* sp.
독도 연안 수심 5~10m내외 조간대 하부 암반에서 살아간다. 엽체는 각상근에서 자라며, 기부의 가지는 포복근처럼 보이고, 체장은 10~20cm이다. 엽상체는 편압 또는 원주상의 주축과 가지로 구분되며, 다육질이다. 엽상체는 검붉은색을 띤다.

수온이 올라감에 따라 갈조류가 끝녹음 현상을 보인다.

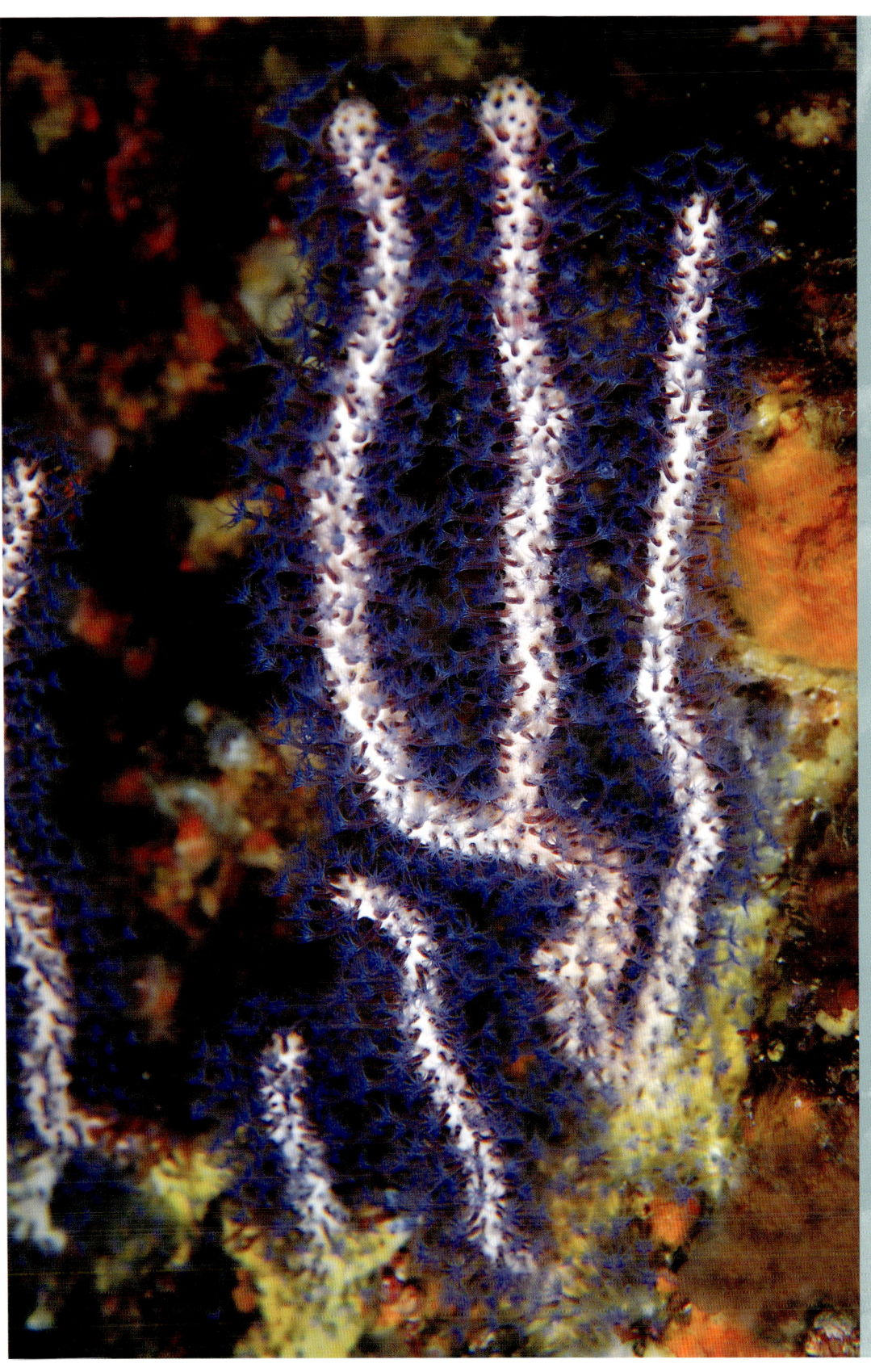

Halichondria sp.

불나무진총산호 / *Euplexaura abietina*

독도 연안 수심 5m 암반 조하대에서 살아간다. 가지는 편평하며 같은 평면 상에서 옆으로 나와서 다시 위로 향하여 모든 가지는 서로 평행을 이루어 선체적으로 부채꼴이 된다. 군체 높이는 13~19cm 정도이며, 빛을 받으면 군체 몸체와 촉수에서 강한 형광빛을 발한다.

나선염주알 / *Chaetomorpha spiralis*
독도 연안 수심 5~10m정도 조간대 하부에서 살아간다. 엽체가 단단하고 짙은 녹색이다. 처음에는 암반 등에 부착하나 성장하면서 다른 해조류에 감기는 모양을 취한다. 대형해조류에 엉켜서 생활한다.

독립문바위 물속 특징인, **감태** / *Ecklonia cava* 와 **대황** / *Eisenia bicyclis* 이 무성하게 어울어진 해중림 숲.

안개 낀 독도는 한결 평온하다.
서도 대한봉 정상에 안개가 덮일 때 인근 바다는 조용하다.
주변 해역은 기름 부은 듯 매끈하다.

서도 대한봉에 안개가 자욱하다.

주요 다이빙 지역
혹돔굴, 삼형제굴, 가제바위

서도 Seo-do

혹돔굴 Hokdom-gul

혹돔굴 입구 (천장에 적산호와 해면류, 히드라류가 살아간다)

Chromis Notatus

자리돔 / *Chromis notatus*
독도 연안 암초지대에서 살아간다. 이 종은 몸이 타원형이며 색깔은 밝은 갈색에, 가슴지느러미 기부에 검은 반점이 있고 등지느러미 뒤쪽에 밝은 백색 반점이 있다.

녹색물결놀래기 / *Thalassoma lunare*
독도 연안 얕은 곳 산호초 지역에서 살아간다. 몸 색깔 변화가 심하고, 일반적으로 녹색 또는 파란색을 띤다. 꼬리지느러미 가장자리는 거의 직선형이지만, 수컷은 상엽과 하엽의 끝이 뾰족하다. 육식성 물고기이다.

보리무륵 / *Mitrella bicincta*
독도 연안 조간대 하부에서 조하대 10m 수심 암반 지역에서 살아간다. 패각은 회갈색에서 적갈색까지 다양하고, 각정은 뾰족한 송곳모양이다. 색깔과 무늬는 개체에 따라 차이가 심하다. 수관구는 좁고 짧으며 열려있다. 각고 13mm정도의 소형종이다.

포복해면류 / *Dysidea* sp.
독도 연안 암반 조하대 수심10~20m사이에
연약하고 끝이 뾰족뾰족하다. 출수공은 불규치
체는 얇게 암반을 덮듯이 성장한다. 해면체는
리는 옅은 남색을 띤다.

두갈래분홍치 / *Rhodymenia intricata*

독도 연안 수심 15m이내 조간대 및 조하대에서 살아간다. 엽상체는 붉은색이며 가죽질이고, 반상의 부착기에서 짧은 자루모양으로 생긴다. 띠 모양이고, 차상 분지하며, 옆으로 누워 자란다. 편평한 막상 구조이며 체장은 2~4cm, 폭은 2~6mm이다. 가지는 3~5회 차상 분기하여 부채꼴이 된다. 사분포자낭은 가지 끝에 생기며, 낭과는 소지에서 수개씩 모여 나며 돌출한다.

원뿔군소 / *Dolabella auricularia*
독도 연안 수심 5m 전후 조하대에서 살아간다. 몸통은 전체적으로 녹갈색 바탕에 흑갈색 반점들이 불규칙하게 흩어져 있다. 체표면에는 털 모양의 부드러운 돌기들이 전체를 덮고 있다. 초식성 군소류로서 몸통길이 12cm까지 자란다.

그물코돌산호류 / *Psammocora* sp.

독도 연안 수심 20m내외 암반지역에서 살아간다. 산호체 크기가 1m 이상 커진다. 두께는 일정하지 않지만 얇게 바위면을 도포한다. 산호체의 색깔은 갈색이다. 암반면 전체를 덮는데 기질의 구조에 따라 솟아 있기도 하다.

관해파리류(살파류) / *Siphonophore* sp.
독도 연안 수심 0~20m사이에서 길게 고리를 형성하며 줄을 이루고 있는 이 생물은 길이가 수십cm에 이르는 것도 있다. 해양생물학자들은 이 생물이 단일 생물인지 혹은 형태가 다른 동물들이 모여 협력하는 군체 인지를 아직 입증하지 못하고 있다. 연약하여 끊어지기 쉬우며 유능능력은 없다. 이 생물은 출아과정(budding process)을 통해 복제되어 길고 아름다운 사슬을 이룬다.

흰갯민숭달팽이 / *Chromodoris orientalis*
해조류가 있는 암반지역에서 살아간다. 이 종은 흰 몸통에 검은 반점들이 있으며, 노란색 테두리가 있다. 아가미 다발과 촉각은 노란색이며, 육식성이다.

그물바탕말 / *Dictyota dichotoma*

독도 연안 수심 7~15m사이에서 살아간다. 엽체는 엷은 갈색이며, 체장은 5~15cm이고 엽폭은 0.5~2cm이며 가근성 부착기가 있다. 전체 모양이 부채꼴이며 직립하여 차상으로 분기한다. 엽체는 삼층의 세포 조직으로 구성되어 있으며 피층은 한 개의 세포층으로 되어 있고, 피층세포에 엽록소가 침적되어 있다. 포자낭은 엽체 표면에 불규칙적으로 산재하고 갈색 사상체가 포자낭과 뒤섞여서 분포한다.

뿔두드럭고둥 / *Reishia luteostoma*

독도 연안 조간대 하부에서부터 조하대 얕은 수심에서 살아간다. 패각 끝이 뾰족한 혹이 몸 전체에 돋아난 모양이다. 나층은 6층으로 각 나층은 약하게 부풀어 있고 어깨선에서 각이 져 있으며, 봉합은 뚜렷하다. 수관구는 짧고 넓게 열려있다. 각고 3cm, 각경 1.8cm까지 자란다.

미동정분류군 / unindenfied speces
독도 연안 수심 10~15m에서 살아간다. 큰 암반 덩이 표면에 얇게 부착해 있다. 연약하여 쉽게 떨어진다. 짙은 녹색을 띠고 있으며 조류 소통이 약한 곳을 좋아한다.

민실타래갯지렁이 / *Acrocirrus validus*

독도 연안 수심 2~15m정도의 자갈 바닥에서 살아간다. 몸은 짙거나 옅은 황갈색을 띠고, 겉표면에는 옆다리나 가시가 빈약하여 얼핏 보면 몸 전체가 밋밋하게 보인다. 보통 자갈이나 돌멩이 아래편에 부착해 있으며 물리적 교란을 받으면 느리게 다른 구석을 찾아 이동한다. 주로 바닥의 소형 무척추동물이나 해조류의 포자 등을 먹는 잡식성이다. 몸통 길이 5cm전후 중형 갯지렁이류이다.

귤색군소붙이 / *Berthellina citrina*

수심 5m 전후의 암반 조하대에서 살아가는 중형 갯민숭이류이다. 몸은 긴 타원형이고 전체적인 색깔은 옅은 황갈색에서부터 짙은 선홍색에 이르기까지 다양하다. 작고 평평한 흔적적인 패각은 몸의 외투막 바로 아래 몸속에 숨겨져 있다. 주로 해면을 섭식하며 야행성이다. 갯민숭달팽이류는 자웅동체이지만 산란기가 되면 건강한 후대를 위하여 교미행동을 한다. 조그만 바위 구멍 안에 있는 난괴. (eggs : 알집덩어리)

삼형제굴 Samhyeongje-gul

삼형제굴에서 바라본 동도

Seriola
Dumerili

잿방어 / *Seriola dumerili*
독도 연안 수심 20~70m에서 혼자 또는 무리를 지어 살아간다. 몸통 옆에 노란 세로줄무늬가 수놓이에서 꼬리시느러미 앞까지 이어진다. 눈 위에서 머리의 등 쪽으로 폭이 넓고 검은 줄무늬가 있는데, 어릴수록 뚜렷하고 자라면서 희미해진다. 물고기와 갑각류를 먹는다.

산호말류 / *Corallina* sp.

독도 연안 수심 7~15m조간대 하부 및 조하대에서 살아간다. 엽체는 암반이나 다른 해조류에 착생하여 덩이처럼 모여 성장하며 직립한다. 가지는 규칙적으로 차상분지하고 겹쳐서 난다. 마디의 하부는 다소 원주형이나 상부는 납작하다.

빨강따개비 / *Megabalanus rosa*
독도 연안 암반 조하대 수심 5m 전후에서 살아간다. 패각은 전체적으로 밝은 분홍색이나 빨간색이다. 조하대에 서식 중인 관계로 먹이 활동시간이 제한되어 조간대에서 살아가는 따개비류에 비하여 먹이 활동이 활발하지 않다. 패각 직경 1.5cm, 높이 1cm전후의 흔치 않은 따개비류이다.

방어 / *Seriola quinqueradiata*

독도 연안 중층과 저층에서 유영생활 하며, 계절에 따라 회유한다. 몸은 꼬리 자루가 가는 방추형이다. 몸 옆에는 주둥이 끝에서 시작되어 눈을 지나 꼬리 지느러미 앞까지 이어지는 노란 세로줄무늬가 있다. 등지느러미와 뒷지느러미는 연한 녹색을 띠고, 꼬리지느러미는 노란색을 띤다.

해변해면류 / *Halichondria* sp.

독도 암반 조간대 하부에서부터 수심 5m 전후의 조하대까지 살아간다. 군체의 모양은 일정하지 않아 암반 표면을 얇게 덮듯이 퍼져 나가는 것에서 덩어리 형태까지 변이가 많다. 표면에는 대공들이 약간 돌출된 상태로 형성되어 있다. 체색은 황색, 회갈색 및 황녹색 등으로 변이가 많으며, 표면 질감은 연하지만 탄력이 있다.

인상어 / *Neoditrema ransonnetii*
독도 연안 얕은 곳의 해조류와 암반 지역에서 살아가며, 어릴 때는 수심 1m정도의 표층에 수백 마리가 무리를 지어 다니기도 한다. 몸은 체고가 낮은 타원형이다. 꼬리지느러미 상엽과 하엽 끝이 매우 뾰족한 것이 특징이다. 태생으로 9~20마리의 새끼를 낳는다.

해변해면류 / *Halichondria* sp. (미기록종)
독도 연안 암반 조간대 하부에서부터 수심 5m전후의 조하대에서 살아간다.
군체의 모양은 일정하지 않아 암반표면을 얇게 덮듯이 퍼져나간다.
표면에는 출수공들이 약간 돌출되어 돋아 있다.
체색은 황색이며, 표면 질감은 연하지만 탄력성이 있다.

무절산호조류 /Crustose coralline algae

독도 연안 수심 15m이내 조간대와 조하대에서 살아간다.
이 종은 해조류 홍조류에 속하며 마디가 없이 딱딱한 기질에 부착하여 성장해나간다.
무절산호조류는 몸체 표면에 두꺼운 탄산칼슘이나 탄산마그네슘 벽이
있는 조류의 총칭이다. 연안 암반에 번무하며 다른 해조류가 부착하지
못하는 갯녹음 현상 즉, 백화현상의 원인 생물이다.

털다지다홍풀 / *Dasya villosa*

독도 연안 조하대 수심 3~10m에서 살아간다. 엽상체는 붉은색이며 가느다랗고 단단한 끈 모양의 줄기가 위로 뻗으면서 가지를 많이 내며 긴 털가지로 덮여있다. 줄기와 가지의 피층세포는 가늘고 길며 식물체의 길이에 나란히 배열한다. 털가지는 피층세포에서 만들어지며 긴 원통모양의 세포가 길이로 연결되어 이루어졌고 두 갈래로 가지를 내며 엽록체를 가진다.

흐린대마디말 / *Cladophora opaca*
독도 연안 조간대 암반에서 살아간다. 엽체는 백색 또는 황색을 띤 녹색이고 덤불형태를 보이며, 단단하고 5~20cm까지 자란다. 중심가지는 직립하거나 혹은 다소 휘어진 상태이고 둘로 나누어지는 분기 형태를 보인다. 가지는 호생 또는 나선상으로 발달하며, 1차 가지는 정단으로부터 3~4번째 세포에서 형성된다.

셋방이끼벌레류 / *Tricellaria* sp.
독도 연안 암반 조하대 수심 7m 전후 바위 표면에서 살아간다.
색체는 밝은 오렌지색이거나 연갈색이며 군체 높이 2~4cm정도이다.
각 개별 군체가 수십 개씩모여 군락을 이루기도 한다.
군체를 형성하는 각 개층(zooid)의 뚜껑(operculum)이 작고 검은 점처럼 보인다.

납작벌레류 / *Pseudoceros* sp.
독도 연안 수심 10m부근 큰 자갈 아래쪽에서 살아간다.
햇빛을 싫어해서, 노출되면 빠르게 어두운 곳을 찾아간다.
반투명한 연한 갈색 몸통에 세로로 길게 검은 무늬가 있다.

외톨개모자반 / *Myagropsis myagroides*

독도 연안 수심 10m 내외 조간대 하부나 조하대에서 살아간다. 식물체는 갈색이며 원반상근에서 뚜렷한 중심 가지를 이루어 1~2m까지 자란다. 중심가지는 납작하고 가느다란 줄기를 많이 낸다. 가지 양쪽 가장자리에 있는 어긋나기 잎은 길고 중륵이 있으며 댓잎모양이다. 기낭은 타원형이나 상부의 것은 방추형이며 가는 선상의 관엽을 가진다. 생식기탁은 원주상이며, 가지 상부에 총상으로 발달하고, 자웅이주이다.

이끼벌레류 / *Cheilostome* sp.(미기록종)
독도 연안 수심 7m 내외 암반지역에서 살아간다. 이 종은 암반 표면에 부착하여 일정한 형태 없이 얇은 막을 이루고 있다. 연황색을 띠고 있으며 부착해면류와 부착 우렁쉥이류, 해조류등과 한 공간에 있으나 서로 뒤섞이지 않는다. 표면에 다른 생물이 부착하지 못한다.

오렌지둥글해면류 / *Tethya* sp.
독도 연안 수심 5m 전후 암반 조간대 및 조하대에서 살아간다. 방망이 모양의 군체는 연한 회갈색이고 표면에 털 모양의 황색 돌기가 돋아 있다. 군체 높이 7cm, 돌기 길이 1cm정도 까지 자란다.

검정해변해면 / *Halichondria okadai*
독도 수심 5m 전후 암반 조하대에 살아간다. 일정한 형태가 없으며, 대공이 위치한 돌기들 크기와 높이에 변이가 있지만 최대 높이 1.5cm를 넘지는 않는다. 전체적으로 완전한 검정색의 군체보다는 흑자색이나 흑회색 군체가 많다. 햇볕이 잘 드는 곳을 좋아한다.

옥덩굴 / *Caulerpa okamurea*
독도 연안 수심 10m 이내 암반 지역에서 살아간다. 식물체는 표복부와 직립부로 되었다. 포복부는 약간 거칠고, 가지를 내지 않으며 암반에 착생한다. 직립부는 약간 짙은 녹색으로 여러차례 분지하는 주가지로 이루어지며, 체장은 2~9cm이다. 잔가지는 주가지에 불규칙한 방사상으로 빽빽하게 돌려나며, 약간 부푼 원형의 정단부가 있다.

솜털꽂갯지렁이 / *Sabellastarte japonica*

독도 연안 조간대 하부에서부터 수심 10m 전후 암반 조하대에서 살아간다. 이 종은 서관(dwelling tube)형성 갯지렁이류이다. 서관은 질긴 가죽처럼 느껴지며 주로 좁은 바위틈에 서관의 끝부분을 강하게 부착시킨 상태로 있다. 자극을 받으면 깃털은 서관 속으로 움추러든다.

큰잎모자반 / *Sargassum coreanum*

독도 연안 조간대 및 조하대 암반에서 살아간다. 엽체의 부착기는 원반형이며 직경 2~4cm이다. 줄기는 원주상이며 줄기 하부는 차상분기하고 상부는 우상으로 가지를 낸다. 중심 가지의 상부는 편평하고 중륵과 같이 중앙부가 두껍고 잎이 달린 부분은 좀 가늘다. 자웅이주이다.

자루바다표고 / *Peyssonnelia capensis*

독도 연안 조하대 수심 5~15m 암반 지역에서 살아간다. 엽상체는 원형 또는 부채모양으로 체장 약 5cm, 두께는 140~150㎛이다. 엽상체 가장자리는 전연, 물결모양 또는 깊게 파여 있으며, 가근은 엽상체 아랫면에 모여있다. 아랫면은 짧은 털이 있고, 석회질이다. 엽상체 횡단면은 포복세포열과 직립세포열로 구분되고, 직립세포열은 상층과 하층으로 구분된다. 사분포자낭은 십자형으로 분열한다.

거미불가사리류 / *Ophiothrix* sp.
독도 연안 수심 10m 내외 큰 자갈 밑에서 살아간다. 팔을 포함한 몸통길이 8cm 전후의 중형 거미불가사리이다. 각각의 팔에는 주로 가장자리 부근을 따라 길이 3mm 전후의 옅은 갈색가시들이 돋아 있다. 팔은 쉽게 떨어져나간다. 빛을 아주 싫어한다.

가제바위 Gajae-bawi

큰 가제바위 작은 가제바위 위에 바다사자(강치) 수백 마리가 우글거릴 때 그곳은 장관이었다.

삼형제굴에서 북북서쪽으로 600여미터 떨어진 곳에 있다.

독도 물속에서 강한 조류를 만나면 몸을 작게 움츠리고 암벽 옆이나 산호초 밑으로 바짝 붙어야한다. 물속 조류에 저항하다가는 끝장이다. 자연에 대항하는 일은 백전백패다. 물속 조류 속에 숨을 곳은 아무데도 없다. 물 밖으로 나와야 한다.

흐르는 조류를 따라 허공을 날아가는 듯한 '조류다이빙'도 있지만, 독도에서 '조류다이빙'은 망망대해로 흘러 갈 뿐이다. (가제바위 Ph.D.M.J-G)

덩이해면류 / *Aciculites* sp. (미기록종)
독도 연안 조하대 수심 10~20m사이 암반에서 살아간다. 연황색 해면체는 귀부리 모양으로 돌출되었고 위쪽이 색깔이 짙다. 출수공은 불규칙하며 체표면에 엷은 광택이 있다.

시루해면류 / *Xestospongia* sp. (위에서 촬영)
가제바위 수심 20m 부근 조류 흐름이 원활한 암반지역에서 살아간다. 떡 찌는 시루모양을 닮은 이 해면은 대공의 가장자리가 뭉툭하고 굴곡져 있다. 군체의 전체적인 색상은 연한 적갈색이고 해면질은 강하고 질기다. 단독으로 있다.

부착해면류 / *Sarcotragus* sp. cf. *arbuscula* (미기록종)
독도 연안 조하대 수심 15m 부근 암반에서 살아간다. 해면체는 기질의 굴곡을 따라서 포복하며 성장한다. 출수공은 체표면 전체에 듬성듬성 불규칙하게 흩어져 있다. 해면체 표면이 일정한 형태로 살짝 돌이있으며, 출수공 입구에는 얇은 막이 있다.

불나무진총산호류 / *Euplexaura* sp.
독도 연안 수심 20m이상 조류 소통이 원활하고 어두운 지역에서 살아간다. 군체는 한 방향으로 성장하고 가지는 분지하여 위쪽으로 휘어진 모양이다. 골축은 탄력성이 있다. 군체는 백색이고, 폴립은 연한 갈색이다.

일본깃갯고사리 / *Oxycomanthus japonicus*
독도 연안 수심 5~20m 암반 조하대에서 살아간다. 깃갯고사리 류이고 보통 밝은 갈색이나 황금색을 띤다. 점착성을 가진 잔가시들을 이용하여 물속 플랑크톤을 걸러먹는 부유물 여과섭식자이다.

떡청각 / *Codium arabicum*
독도 연안 암반 조간대 저조선 부근이나 조하대에서 살아간다. 엽체 표면에 주름을 가지며 불규칙한 원형의 열편을 가지고, 짙은 녹색의 다육질로서 만지면 미끈거린다. 포복하는 면으로 기질에 단단히 부착하며, 폭 2~6cm로 불규칙하게 확장한다.

검정꽃해변말미잘 / *Anthopleura kurogane*
독도 연안 조간대 중부에서부터 수심 2m 전후까지 암반, 자갈, 모래 등 다양한 저질에서 살아간다. 촉수에 닿는 어떤 생물이나 유기쇄설물이라도 녹여서 먹는 잡식성이며, 체벽에는 보통 작은 모래 입자나 조개껍질 부스러기 등 이물질이 붙어있다.

미동정분류군 /unindenfied speces

독도 연안 수심 5~10m사이에서 살아간다. 이 종은 일정지역에 몇 개의 군체가 같은 거리를 두고 모여서 있다. 겉모양은 황갈색의 굵고 수직으로 뻗은 실타래가 일정한 높이로 낟가리 형태를 이루고 있다. 군체 중에는 중앙부가 물고기 공격을 받은 듯이 벌어진 것들도 있다. 이 종은 물고기, 해조류도 아니고, 절지,자포,극피, 해면,연체,유형,태형,편형,환형 동물이 아니다. 분류에 대한 연구가 필요한 종이다.

부착해면류 / *Stylinos* cf. *ruetzleri*(미기록종)
독도 연안 조하대 수심 7~15m에서 살아간다. 암반 같은 기질을 덮어씌우듯이 부착해서 성장한다. 일정한 모양은 없고 두께가 얇으며 녹색을 띤다. 가장자리와 출수공 색깔은 좀 더 짙다. 크기가 일정하지 않은 출수공은 체표면 전체에 불규칙하게 흩어져있다.

긴네모돌조개 / *Arca boucardi*
독도 암반지역 구석진 틈속에서 족사를 이용하여 단단히 부착하여 살아간다. 패각은 두껍고 단단하며 색깔은 황백색이나 회갈색을 띠고 있다. 대개 패각 외부에 여러 가지 부착생물이 붙어있다. 두 장의 패각이 맞닿은 부분(교치역;齒域)은 일직선상으로 뻗어있다. 살아가고 있는 바위틈의 모양에 따라서 패각의 외형적 변이가 심하다.

관산호류 / *Siphonogorgia* sp.
독도 연안 수심 15m 전후에서 살아간다. 관산호류는 '연산호(soft corals)'라 불리며, 군체는 골축이 없고 유연하다. 두꺼운 공육은 골편으로 채워져 있고, 골편은 화두, 공육 등의 부위에 따라 모양과 크기가 다양하다. 군체는 관목상으로 불규칙한 방사상으로 분지한다.

유착진총산호 / *Euplexaura anastomosans*
독도 연안 수심 20~30m근처 조류 소통이 원활한 수직 벽에서 살아간다. 군체 높이는 50cm 정도까지 성장하고 너비가 약간 좁은 일평면상을 이루며 가지들끼리 유착이 심하다. 폴립은 갈색이고 골축은 금속 빛나는 갈색이다.

Tetraclita Japonica

검은큰따개비 / *Tetraclita japonica*

독도 전 연안에서 살아가는 대형따개비류이다. 암반 조간대 중하부에서부터 수심 2m이내 조하대 바위 표면까지 부착해있다. 기질에 대한 부착력이 매우 강해서 보통 힘으로는 탈락되지 않는다. 대조 시 간조 때를 제외하고는 대부분 물에 잠겨있으며, 이때 체와 같은 가슴다리(사진에 길게 나와 있는 줄)을 이용하여 물속 플랑크톤을 걸러먹는 부유물 여과섭식자이다.

감태 / *Ecklonia cava*
큰산호불이히드라 / *Solanderia misakinensia*
꽃총산호류 / *Anthoplexaura* sp.

부착해면류 / *Callyspongia* sp. (미기록종)
독도 연안 수심 7m 전후 조하대 암반 지역에서 살아간다.
해면체는 연노란색이며 얇게 기질에 부착하여 성장해 나간다.
출수공이 체표면 전체에 불규칙하게 흩어져있고, 해면질 끝이 뾰족하게 약간 돋아있다.

지중해담치 / *Mytilus galloprovincialis*
독도 연안 외해로의 노출이 약한 곳에서 살아간다.
전문가들 사이에서 진주담치(*Mytilus edulis*)와 동일종인지 아닌지에 대한
분류학적 논쟁이 계속되고 있는 중이다.
현재 우리나라에서 양식되고 있는 담치류의 대부분이 본 종이다.

태생굴 / *Striostrea circumpicta*

독도 조간대 하부에서부터 수심 30m 범위의 암반에 부착하여 살아간다. 패각은 일정한 모양이 없으며 마름모형, 직사각형, 원판형 다양하다. 이 종은 태생(viviparity)을 하는데, 수정란에서 발생한 유생을 수중으로 내보내지 않고 패각 안에 품고 있다가 어린 유패로 발달하면 밖으로 뿜어낸다. 태생굴은 발생상의 특성에서 비롯된 이름이다.

가시항아리해면류 / *Leucandra* sp. (미기록종)
독도 연안 수심 20~30m에서 살아간다. 군체 색상은 전체적으로 밝은 황색이고 모든 외부표면은 부드러운 털로 조밀하게 덮여있다. 채집하여 전문적인 분류가 필요한 종이다.

쥐치 / *Stephanolepis cirrhifer*
독도 연안 암초 지역에서 살아간다.
입은 작지만 탐식성이 강하여 발달한 앞니로
해조류, 소형갯지렁이, 새우, 게, 조갯살 등을 잘라 먹는다.
피부는 얇은 가죽처럼 까칠까칠하다.
횟감으로 인기가 있으며, 물 밖으로 나오면
'찍찍' 하는 쥐소리를 내어 쥐고기라고 불렀다.

진두발 / *Chondrus ocellatus*

독도 연안 수심 7~15m 조간대 하부나 조하대 암반에서 살아가며 파도가 많은 곳에 번성한다. 엽체는 자홍색, 적갈색, 녹갈색의 가죽질이고 반상근에서 여러 개의 직립체가 나오고 차상분기하며 체장은 10~15cm까지 자란다. 하부에 짧은 납작한 줄기가 있고 상부로 갈수록 분지가 반복되어 부채꼴모양이다. 엽체의 가장자리와 표면에는 작은 돌기가 불규칙적으로 생성된다. 사분포자낭은 알 모양이고 표면에 동그란 점으로 나타난다.

부착우렁쉥이류 / *Hypodistoma* sp.(미기록종)
독도 연안 수심 15m 내외 암반조하대 바위 표면에 부착하여 살아간다. 굵은 출수공 수관부가 그물같이 체표면에 돋아있다. 옅은 남색을 띠며 생태에 대하여 알려진게 없다.

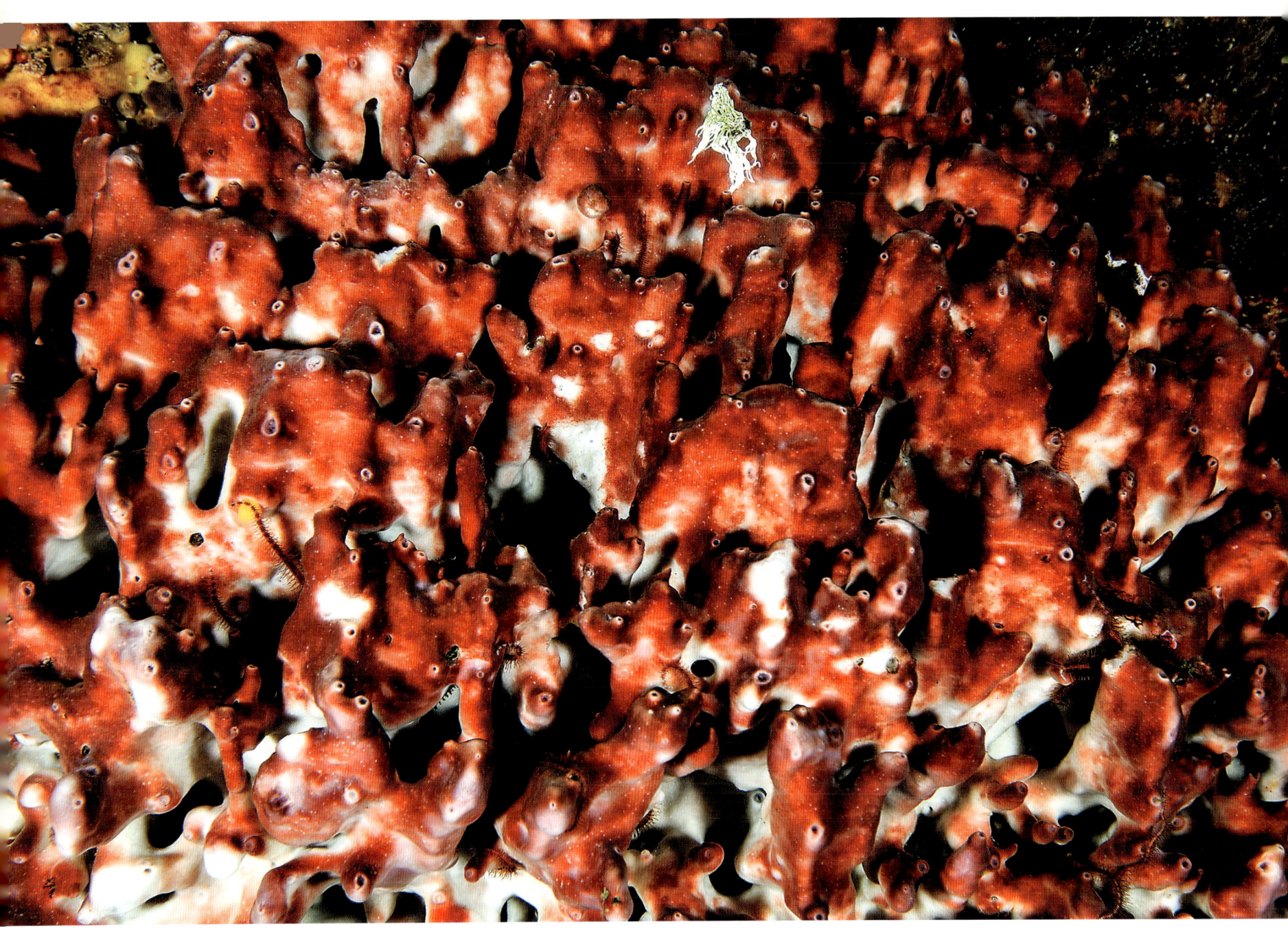

부착덩이해면류 / *Clathria* sp. (미기록종)
독도 연안 조하대 수심 15m 부근에서 살아간다. 해면체가 굴곡이 심하고 낮게 돌출되어 있다. 몸통은 유백색을 띠지만 외부는 연한 갈색을 띤다. 돌출부의 출수공의 크기가 다양하다. 해면체는 약간 탄력이 있다.

미역 / *Undaria pinnatifida*
독도 연안 조하대에 살아간다. 엽체는 난원형 또는 타원형이고 1~2m 내로 자란다. 부착기는 나무뿌리 형태이며 줄기는 납작하고 가지를 내지 않고 엽상부의 중륵으로 연결되어 있다. 줄기의 아랫부분 양측에는 주름이 있는데 이것이 미역귀(포자엽)이다. 이 종은 일년생이고 대체로 가을에서 겨울동안 생장하고 봄에서 여름동안 유쥬자를 내어 번식한다.

주황해변해면류 / *Hymeniacidon* sp.
독도 연안 수심 10m 전후 조하대 암반에서 살아간다. 군체의 크기는 일정하지 않고 패각이나 암반표면을 덮듯이 퍼져나간다. 해면체는 황갈색을 띠며 군체 표면에 돌기들이 돋아있고 돌기 끝에 출수공이 있다.

투구빗해파리 / *Bolinopsis rubripunctata*
독도 연안 수심 7m부근에서 관찰된다. 몸은 전체적으로 투명하고, 형태는 달걀 형태이나 앞뒤로 눌러 놓은 것처럼 납작한 모양이다. 입 주변부에 돌기가 있는데, 이 돌기가 넓게 확장되어 몸을 둘러싸고 있는 투구와 같이 보인다. 돌기 가장자리에 갈색이나 선홍색 반점이 보이기도 한다. 몸길이 최대 6cm까지 자란다.

두드럭혹갯민숭이 / *Phyllidiella pustulosa*
독도 연안 수심 5~10m정도 암반 조하대에서 살아가는 육식성 갯민숭이류이다. 몸통은 전체적으로 검정색 바탕에 크고 강한 흰색 또는 옅은 분홍색 돌기들이 돋아있다. 촉수는 작아서 수축해 버리면 외형상 앞뒤를 구분하기가 어렵다. 몸통길이 4cm까지 자란다.

홍합 / *Mytilus coruscus*
독도 연안 5~10m 임반 조하대 바위 표면에 집단으로 부착하여 살아간다. 물이 맑고 해류의 흐름이 강한 곳을 좋아한다. 껍질을 두껍고 단단하며 패각이 18cm까지 자란다. 동해안에서는 '섭'이라는 방언으로 불리기도 한다.

고리마디게발 / *Amphiroa beauvoisii*

독도 연안 조간대 조수웅덩이와 조간대 하부 및 조하대 바위에서 살아간다. 식물체는 원주상으로 규칙적으로 분지한다. 몸 끝부분에 고리와 같은 원형 모양이 있다. 식물체는 뚜렷하지 않은 각상 부착기에 의해 기질에 부착하며, 직립하고 헐렁한 덤불 모양이나 다소 조밀하게 되기도 한다. 이들 가지의 배열은 평면적이고, 가지의 정단에는 수축 부위가 있다. 마디는 원통상과 편압상이 섞여있다. 높이 2~5cm까지 자란다.

난황혹갯민숭이 / *Fryeria menindie*

독도 조하대 수심 10m 전후의 암반지역에서 살아간다. 몸통은 전체적으로 짙은 감청색 바탕에 옅은 하늘색 작은 돌기들과 중앙부가 노란 돌기들이 돋아있다. 중앙부 노란색 돌기들은 발달 정도에 변이가 많다. 산호 군락 부근에서 주로 발견되지만, 이 종의 주된 먹이는 해면류이다.

밤은 언제나 바다로부터 온다.
동해바다 독도에서 떠오른 아침 해는,
서해바다 어청도 산봉우리를 넘어가면서
하루를 마무리한다.

독도 일몰

조사선 오른쪽 뒤쪽에 야간다이빙 입수하는 불빛이 보인다.

탐사중인 생물학자들과 선장

나·가·는·글

「이것이 나의 최선이다. 그 나머지는 나도 남들처럼 먹고 마시고 사랑하고 미워했다.」- 존.밀턴

독도가 육지로서 외로운 섬인 것은 맞다.
하지만 물속 세상은 다르다.
550여 종(種)의 해양생물이 저마다의 삶을 살고 있다.

우리는 독도의 실효적 지배라는 권리를 가지고 있다.
이 권리가 계속되려면 힘이 있어야 한다.
힘은 무력적인 것도 있지만, 문화적 인문학적인 것도 있다.
이 책이 그러한 힘의 일부가 되기를 바란다.

참고문헌

『독도 바다 물고기』(김지현 외, 환경부, 국립생물자원관, 2014)

『독도의 무척추동물 1.연체동물』(김사홍 외, 환경부 국립생물자원관, 2014)

『독도에 살다』(전충진, 갈라파고스, 2014)

『울릉도, 독도에서 만난 우리바다생물』(명정구 외, 지성사, 2013)

『제주도 어류』(김병직 외, 국립생물자연관, 2013)

『바닷물고기』(조광현·명정구, 보리, 2013)

『독도 생태계 정밀조사 보고서』(조재미 외, 환경부 대구지방환경청, 2010)

『독도의 해양생물』(손민호 외, 국립수산과학원, 2009)

『독도의 자연』(경북대학교 울릉도·독도연구소, 경북대학교 출판부, 2008)

『대한민국 국가지도집』(국토해양부 국토지리정보원, 2008)

『한국지리-총론편-』(국토해양부 국토지리정보원, 2008)

『한국지리-경상편-』(국토해양부 국토지리정보원, 2008)

『독도·울릉도 사람들의 생활공간과 사회조직연구』(박성용, 경인문화사, 2008)

『독도 견문록』(주강현, 웅진지식하우스, 2008)

『녹도 가는 길』(최낙정 외, 해양문화재단, 2008)

『독도 화산의 지질-암석, 광물, 연대 그리고 생성원인-』(장윤득·박병준, 독도의 자연, 경북대학교출판부, 2008)

『독도 해산의 사면침식으로 인한 지형』(강지현 외, 대한지리학회지 43-6, 2008)

『독도에 관한 연구 성과와 과제』(박경근·황상일, 지리학논구 27, 2008)

『독도 생태계 모니터링 보고서』(김준동 외, 환경부 대구지방환경청, 2008)

『조류 서식지로서 독도의 생태적 특성』(권영수, 한국조류학회지 10-1, 2007)

『독도 동도 서쪽 해안의 타포니 지형 발달』(황상일·박경근, 한국지역지리학회지 13-4, 2007)

『독도·울릉도의 역사』(김호동, 경인문화사, 2007)

『울릉군지』(울릉군, 2007)

『기후학』(이승호, 기후학, 2007)

『동해상 한국령 도서와 일본령 도서의 식물지리 분석』(공우석·조도순, 한국해양수산개발원, 2007)

『가고 싶은 우리 땅 독도』(국립중앙박물관, 2006)

『독도의 식생, 전국자연환경기초조사』(유영한·송민섭, 환경부, 2006)

『겨레의 섬 독도』(차종환·신법타·김동인, 해조음, 2006)

『독도 균열발생에 따른 지반안정성 조사연구』(한국지질자원연구원, 해양수산부, 2006)

『울릉도 및 독도의 지리적 특성』(공우석 외, 한국해양수산개발원, 2006)

『독도 균열 발생에 따른 지반안정성 조사연구』(김복철 외, 한국지질자원연구원, 2006)

『지구물리 자료를 이용한 울릉분지 북동부 독도 및 주변 해산들에 관한 연구』(김창환, 연세대학교 박사학위논문, 2006)

『독도 지형지』(전영권, 한국지역지리학회지 11-1, 2005)

『독도 주변해역의 해저지형 특성 및 해산의 내부구조』(한현철, 독도의 지정학-독도문제 대책을 위한 토론회-, 대한지리학회·조선일보, 2005)

『독도 영유권 시비와 지정학』(형기주, 독도의 지정학-독도문제 대책을 위한 토론회-, 대한지리학회·조선일보, 2005)

『한국어류 대도감』(김익수외, 교학사, 2005)

『독도문제 대책을 위한 토론회 자료집』(대한지리학회·조선일보사, 2005)

『독도, 지리상의 재발견』(이진명, 삼인, 2005), 『독도 생태계 등 기초조사 연구』(한국해양연구소, 해양수산부, 2005)

『독도 자연생태계 정밀조사』(환경부 자연보전국 자연정책과 편, 환경부, 2005)

『세계 해저의 생태와 생물』(김지현, 국립군산대학교 수산과학연구소, 2004)

『신용하의 독도 이야기』(신용하, 살림출판사, 2004)

『한국지리(총론)』제3판(권혁재, 법문사, 2003)

『독도 화산의 분출윤회와 화산형태』(황상구·전영권, 자원환경지질 36-6, 2003)

『동해 독도주변 해산의 지구물리학적 특성』(강무희 외, 해양학회지 7, 2002)

『해저지형 및 자기이상 분석에 의한 독도 및 주변 해산 구조 및 성인 연구』(박찬홍 외, 대한지질학회·대한자원환경지질학회·한국석유지질학회·한국암석학회 제57차 추계공동학술발표회 초록집, 2002)

『바위 해변에 사는 해양생물』(홍성윤 외, 풍등출판사, 2002)

『전국자연환경조사보고서-울릉도·독도 지역의 지형경관-』(서종철·손명원·윤광성, 2002)

『한국기후표』(기상청, 2001)

『한국해양생물사진도감』(박흥식 외, 풍등출판사, 2001)

『아름다운 섬 독도』(해양수산부, 2000)

『한국의 기후』(이현영, 법문사, 2000)

『한국의 바다물고기』(최윤 외, 교학사, 2000)

『독도 알칼리 화산암류의 K-Ar 연대와 Nd-Sr 조성』(김규한, 지질학회지 36, 2000)

『독도 생태계 등 기초조사 연구』(한국해양연구소, 해양수산부, 2000),

『울릉도 독도의 종합석 연구-울릉도 및 독도지역의 식물생태계-』(김용식, 영남대학교 민족문화연구소, 1998)

『독도』(박인식, 대원사, 1996)

『독도의 민족 영토사 연구』(신용하, 지식산업사, 1996)

『울릉군 통계연보』(울릉군, 1996)

『독도 화산암의 분별결정작용』(김윤규·이대성·이경호, 지질학회지 23, 1987)

『울릉도·독도 종합학술조사보고서-울릉도와 독도의 지형-』(박동원·박승필, 한국자연보존협회, 1981)

『울릉도 및 독도의 식생』(임양재·이은복·김선호, 한국자연보존협회 조사보고서 19, 1981)

『울릉도와 독도의 조류』(우한정·구태회, 자연보호중앙협의회 자연실태종합학술조사보고서 10, 1981)

『독도의 생물상 조사보고-독도의 조류조사-』(원병오·윤무부, 자연보존 23, 1978)

『독도의 식물상』(이창복, 자연보존 22, 1978)

『비글호 항해기』(찰스 다윈)

[네이버 지식백과] 독도 [Dokdo, 獨島] (한국민족문화대백과, 한국학중앙연구원)

Index

Scientific Name

Acabaria sp.	58	*Clathria* sp.	188	*Hypodytes rubripinnis*	56	*Pterois volitans*	52
Acanthella vulgata	10	*Codium arabicum*	168	*Kelletia lischkei*	56	*Reishia luteostoma*	130
Aciculites sp.	163	*Codium fragile*	61, 62	*Laurenica* sp.	110	*Rhodymenia intricata*	123
Acrocirrus validus	132	*Colpomenia claytoniae*	64	*Leucandra* sp.	183	*Sabellastarte japonica*	156
Aglaophenia whiteleggei	90	*Corallina* sp.	138	*Lithothamnion* sp.	63, 78	*Sarcotragus* sp. cf. *arbuscula*	165
Amphiroa beauvoisii	194	Crustose coralline algae	145	*Megabalanus rosa*	139	*Sargassum coreanum*	83, 157
Anthocidaris crassispina	16, 78	*Dactylometra quinquecirrha*	25	*Melithaea flabellifera cylindrata*	4, 10	*Sargassum* sp.	101
Anthopleura kurogane	169	*Dasya villosa*	146	*Melithaea* sp.	44	*Sebastes thompsoni*	46
Anthoplexaura sp.	178	*Dendrodoris denisoni*	80	*Mitrella bicincta*	121	*Sepioteuthis lessoniana*	74
Aphelasterias japonica	22	*Dictyopteris latiuscula*	60	*Monoplex parthenopeus*	109	*Septifer virgatus*	82
Arca boucardi	172	*Dictyopteris undulata*	60	*Myagropsis myagroides*	150	*Seriola dumerili*	136
Asterias amurensis	22	*Dictyota dichotoma*	129	*Mytilus coruscus*	193	*Seriola quinqueradiata*	140
Asterina pectinifera	22, 50, 56, 93	*Distolasterias nipon*	22	*Mytilus galloprovincialis*	181	*Siphonogorgia* sp.	174
Barnea sp.	99	*Dolabella auricularia*	124	*Narke japonica*	88	*Siphonophore* sp.	127
Berthellina citrina	133	*Dysidea* sp.	122	*Neoditrema ransonnetii*	50, 143	*Solanderia misakinensis*	178
Bolinopsis rubripunctata	191	*Ecklonia cava*	49, 106, 107, 114, 178	Nudibranch eggs	92	*Stephanolepis cirrhifer*	76, 184
Callyspongia sp.	44, 180	*Eisenia bicyclis*	104, 114	*Octopus dofleini*	96	*Striostrea circumpicta*	182
Caulerpa okamurea	154	*Eleutherobia* sp.	44	*Ophiarachnella gorgonia*	16	*Stylinos* cf. *ruetzleri*	172
Ceramium sp.	81	*Enneapterygius etheostomus*	50	*Ophioplocus japonicus*	16	*Temnopleurus toreumaticus*	85
Ceratostoma rorifluum	79	*Euplexaura abietina*	112	*Ophiothrix* sp.	159	*Tethya* sp.	152
Chaetodon modestus	95	*Euplexaura anastomosans*	24, 175	*Oxycomanthus japonicus*	167	*Tetraclita japonica*	176
Chaetomorpha spiralis	113	*Euplexaura* sp.	166	*Parupeneus ciliatus*	94	*Thalassoma lunare*	120
Cheilostome sp.	151	*Fryeria menindie*	195	*Petroscirtes breviceps*	48	*Thylacodes adamsii*	84
Chondrus ocellatus	186	*Halichoeres poecilepterus*	18	*Peyssonnelia capensis*	158	*Tricellaria* sp.	148
Chromis notatus	118	*Halichondria okadai*	153	*Phyllidiella pustulosa*	192	*Turbo cornutus*	18
Chromodoris aureopurea	108	*Halichondria* sp.	142, 144	*Plagiotremus rhinorhynchos*	57	*Undaria pinnatifida*	77, 189
Chromodoris orientalis	128	*Holothuria manacaria*	16	*Plotosus lineatus*	54	unindenfied speces	97, 98, 131, 170
Cirriformia tentaculata	100	*Hymeniacidon* sp.	190	*Psammocora* sp.	126	*Xestospongia* sp.	164
Cladophora opaca	147	*Hypodistoma* sp.	187	*Pseudoceros* sp.	149		

The Ecology of Dokdo's Marine life

Korean Name

Korean	Page	Korean	Page	Korean	Page	Korean	Page
가막베도라치	50	두드럭혹갯민숭이	192	비단풀류	81	자리돔	118
가시항아리해면류	183	두줄베도라치	48	빨강따개비	139	잿방어	136
가시수염고둥	109	떡청각	168	뿔두드럭고둥	130	전기가오리	88
감태	49, 106, 107, 114, 178	매끈이고둥	56	뿔산호류	44	점쏠배감펭	52
개해삼	16	맵사리	79	산호말류	138	점점갯민숭달팽이	108
갯민달팽이 난괴(알집)	92	명주실디래갯지렁이	100	서실류	110	주름뼈대그물말	60
거미불가사리류	159	모자반류	101	세동가리돔	95	주황해변해면류	190
검은큰따개비	176	무절산호조류	145	셋방이끼벌레류	148	쥐치	76, 184
검정꽃해변말미잘	169	문어	96	소라	18	지중해담치	181
검정해변해면	153	미동정분류군	97, 98, 131, 170	솜털꽃갯지렁이	156	진두발	186
고리마디게발	194	미역	77, 189	시루해면류	164	찍류	63, 78
관산호류	174	미역치	56	쏠종개	54	청각	61, 62
관해파리류(살파류)	127	민실타래갯지렁이	132	아무르불가사리	22	청줄베도라치	57
구멍뚫기조개류	99	바늘산호류	58	아팰불가사리	22	큰뱀고둥	84
굵은줄격판담치	82	바다딸기류	44	여왕갯민숭달팽이	80	큰불레기말	64
귤색군소붙이	133	방어	140	오렌지둥글해면류	152	큰산호불이히드라	178
그물바탕말	129	뱀거미불가사리	16	옥덩굴	154	큰잎모자반	83, 157
그물코돌산호류	126	별불가사리	22, 50, 56, 93	왜곱슬거미불가사리	16	태생굴	182
금줄촉수	94	보라성게	16, 78	외톨개모자반	150	털다지다홍풀	146
긴네모돌조개	172	보리무륵	121	용치 놀래기	18	투구빗해파리	191
꽃총산호류	178	보통가시해면	10	원뿔구소	124	포복해면류	122
나선염주알	113	부착우렁쉥이류	187	원앙커튼해파리	25	해변해면류	142, 144
난황혹갯민숭이	195	부착덩이해면류	188	원통뿔산호	4, 10	홍합	193
납작벌레류	149	부착해면류	44, 165, 172, 180	유착진총산호	24, 175	흐린대마디말	147
넓은뼈대그물말	60	분지성게	85	이끼벌레류	151	흰갯민숭달팽이	128
녹색물결놀래기	120	불나무진총산호	112	인상어	50, 143	흰깃히드라	90
대황	104, 114	불나무진총산호류	166	일본깃갯고사리	167	흰오징어	74
덩이해면류	163, 188	불볼락	46	일본불가사리	22		
두갈래분홍치	123	붙은 모자반류	101	자루바다표고	158		

아! 독도아리랑
The Ecology of Dokdo's Marine life Ⅳ
獨 島 海 洋 生 物 生 態

저　자 : 국립군산대학교 해양생명응용과학부
　　　　독도해양생물생태연구실 hp.kunsan.ac.kr
　　　　겸임교수 김 지 현

펴낸곳 : 도시출판 피알에이드 (02-2264-1996)
발행일 : 2017년 10월 10일
등　록 : 1997년 10월 27일 제2-2451
사　진 : Photographer 김지현
가　격 : 100,000원
ISBN : 979-11-86555-16-3

잘못 만들어진 책은 바꿔드립니다.

...
이 작품집에 실린 원고는 저자의 사진작품입니다.
저자 서면 허가 없이 무단복제 및 어떠한 용도로도 사용할 수 없습니다.
사전 동의 없이 사용할 경우 저작권법에 의해 처벌 됨을 일러눕니다.